U0247087

优秀技术工人
百工百法丛书

黄兆亮
工作法

航改型
燃气轮机蜂窝
封严钎焊修复

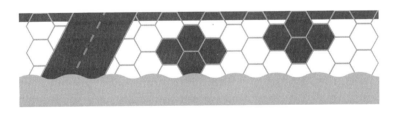

中华全国总工会 组织编写

黄兆亮 著

中国工人出版社

技术工人队伍是支撑中国制造、中国创造的重要力量。我国工人阶级和广大劳动群众要大力弘扬劳模精神、劳动精神、工匠精神，适应当今世界科技革命和产业变革的需要，勤学苦练、深入钻研，勇于创新、敢为人先，不断提高技术技能水平，为推动高质量发展、实施制造强国战略、全面建设社会主义现代化国家贡献智慧和力量。

——习近平致首届大国工匠
创新交流大会的贺信

优秀技术工人百工百法丛书
编委会

编委会主任：徐留平

编委会副主任：马　璐　潘　健

编委会成员：王晓峰　程先东　王　铎

张　亮　高　洁　李庆忠

蔡毅德　陈杰平　秦少相

刘小昶　李忠运　董　宽

优秀技术工人百工百法丛书

能源化学地质卷

编委会

序

　　党的二十大擘画了全面建设社会主义现代化国家、全面推进中华民族伟大复兴的宏伟蓝图。要把宏伟蓝图变成美好现实，根本上要靠包括工人阶级在内的全体人民的劳动、创造、奉献，高质量发展更离不开一支高素质的技术工人队伍。

　　党中央高度重视弘扬工匠精神和培养大国工匠。习近平总书记专门致信祝贺首届大国工匠创新交流大会，特别强调"技术工人队伍是支撑中国制造、中国创造的重要力量"，要求工人阶级和广大劳动群众要"适应当今世界科技革命和产业变革的需要，勤学苦练、深入钻研，勇于创新、敢为人先，不断提高技术技能水平"。这些亲切关怀和殷殷厚望，激励鼓舞着亿万职工群众弘扬劳模精神、劳动精神、工匠精神，奋进新征程、建功新时代。

近年来，全国各级工会认真学习贯彻习近平总书记关于工人阶级和工会工作的重要论述，特别是关于产业工人队伍建设改革的重要指示和致首届大国工匠创新交流大会贺信的精神，进一步加大工匠技能人才的培养选树力度，叫响做实大国工匠品牌，不断提高广大职工的技术技能水平。以大国工匠为代表的一大批杰出技术工人，聚焦重大战略、重大工程、重大项目、重点产业，通过生产实践和技术创新活动，总结出先进的技能技法，产生了巨大的经济效益和社会效益。

深化群众性技术创新活动，开展先进操作

法总结、命名和推广，是《新时期产业工人队伍建设改革方案》的主要举措。为落实全国总工会党组书记处的指示和要求，中国工人出版社和各全国产业工会、地方工会合作，精心推出"优秀技术工人百工百法丛书"，在全国范围内总结 100 种以工匠命名的解决生产一线现场问题的先进工作法，同时运用现代信息技术手段，同步生产视频课程、线上题库、工匠专区、元宇宙工匠创新工作室等数字知识产品。这是尊重技术工人首创精神的重要体现，是工会提高职工技能素质和创新能力的有力做法，必将带动各级工会先进操作法总结、命名和推广工作形成热潮。

此次入选"优秀技术工人百工百法丛书"作者群体的工匠人才，都是全国各行各业的杰出技术工人代表。他们总结自己的技能、技法和创新方法，著书立说、宣传推广，能让更多人看到技术工人创造的经济社会价值，带动更多产业工人积极提高自身技术技能水平，更好地助力高质量发展。中小微企业对工匠人才的孵化培育能力要弱于大型企业，对技术技能的渴求更为迫切。优秀技术工人工作法的出版，以及相关数字衍生知识服务产品的推广，将对中小微企业的技术进步与快速发展起到推动作用。

当前，产业转型正日趋加快，广大职工对于技术技能水平提升的需求日益迫切。为职工群众创造更多学习最新技术技能的机会和条件，传播普及高效解决生产一线现场问题的工法、技法和创新方法，充分发挥工匠人才的"传帮带"作用，工会组织责无旁贷。希望各地工会能够总结命名推广更多大国工匠和优秀技术工人的先进工作法，培养更多适应经济结构优化和产业转型升级需求的高技能人才，为加快建设一支知识型、技术型、创新型劳动者大军发挥重要作用。

中华全国总工会兼职副主席、大国工匠

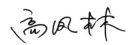

作者简介
About The
Author

黄兆亮

　　1985年出生，国家管网集团储运技术发展有限公司压缩机组维检修分公司零件修理车间经理，高级工程师。曾获"河北省国资委优秀青年""全国能源化学地质系统'身边的大国工匠'"等荣誉，他领衔的"黄兆亮创新工作室"被命名为"河北省劳模和工匠人才创新工作室"。

　　他长期致力于航改型燃气轮机、动力涡轮等

管输用天然气关键设备维修技术开发及应用工作，突破了核心"卡脖子"维修技术，掌握蜂窝封严真空钎焊、薄壁零件焊接、热障涂层喷涂等高精尖工艺，改变了我国航改型燃气轮机及动力涡轮长期依赖国外技术的局面，缩短了维修周期，降低了维修成本，填补了国内技术空白，实现了管输用天然气关键设备自主维修保障，累计创造经济效益 5000 余万元。

用创新铸就梦想，用实干撑起脊梁

以匠心精神肩负责任和使命

黄明亮

目　录
Contents

引　　言
Introduction

　　科技是国家强盛之基，创新是民族进步之魂。坚持高质量发展，必须牵住科技创新这一引领发展的"牛鼻子"。对于推动经济实现质的有效提升和量的合理增长，科技创新具有基础性、战略性支撑作用和关键、强劲的引领作用，是中国式现代化道路行稳致远的重要依托。

　　在航改型燃气轮机及动力涡轮内部核心组件的转子与静止封严结构中广泛采用了蜂窝封严结构，工作过程中蜂窝与转子部件易产生摩擦、挤压，导致蜂窝磨损或变形。蜂窝封严结构维修的关键是蜂窝与壳体的连接，目前最有效的连接方法是真空钎焊。随着航改型燃气轮机维修工程的不断启动和发展，大量易损的蜂窝封严结构件需要进行修理。蜂窝封严结构件的钎焊修复不仅包括蜂窝制造中的技术难点问题，还存在蜂窝去除、真空钎焊变形控制、保证零件组织性能等问题。一旦蜂窝封严结构件在使用后发生变形，安装位置几乎不允许再加工，加之蜂窝钎焊质量要求高等，要保证修复的合格率难度很大，非常有必要对燃气轮机蜂窝封严真空钎焊技术进行深入研究。

针对上述技术难点问题，作者开展了大量的研究工作，研发创新出一整套蜂窝封严结构件钎焊和修复工艺技术，并在实际使用过程中对其不断进行完善和优化，使其得到广泛应用。

航改型燃气轮机、动力涡轮以及航空发

动机核心封严部件广泛采用了蜂窝密封结构，上述设备在运行一段时间返厂大、中修时，按照工艺要求，封严组件的蜂窝材料必须全部更换。掌握本书所述内环形、外环形、环筒形和扇形段蜂窝封严维修技术后，可推广应用于LM6000燃机、索拉130燃机、索拉70燃机、RT62动力涡轮等机型，也可应用于航空飞机发动机蜂窝维修业务，市场应用前景广阔。

　　本书主要阐述作者多年来在航改型燃气轮机蜂窝封严钎焊修复技术攻坚过程中，对于一系列难题的解决办法和实施效果，以及在这一系列难题的解决过程中积累的创新心得和经验，供大家参考。

第一讲

蜂窝封严结构件维修工艺概述

航改型燃气轮机蜂窝封严结构件维修的关键是蜂窝与壳体的连接，目前最为有效的连接方法是真空钎焊。蜂窝封严真空钎焊是使用熔点比母材（被钎焊材料）低的填充金属（钎料或焊料），在低于母材熔点、高于钎料熔点的温度下，利用钎料液化后润湿、铺展的特性，使其在母材和蜂窝带形成的间隙中毛细流动、扩散和填充，最终实现相互固相连接的一种特殊焊接方法。在燃气轮机返厂维修时，维修人员通常需要拆除蜂窝封严结构件上的旧蜂窝，并通过执行一系列工艺步骤更换新蜂窝，以保证蜂窝封严结构件恢复初始状态，继续使用一个完整的维修周期。作者通过大量试验研究，归纳总结蜂窝封严结构件维修工艺步骤如下。

1. 裁切蜂窝

将定制的高温合金蜂窝带水平装夹至切割机裁切蜂窝专用工装上，使用超薄切割片沿蜂窝带单排芯格中心线进行 60° 斜口切割，如图 1 所示，将蜂窝带两端裁切成斜口接头。精确计算蜂窝带尺寸，使其与待修零件基体钎焊面形成过盈配合。为保证蜂窝带两端斜口接头可以最大接触面积紧密贴合，必须打磨去除蜂窝带两端斜切面上所有毛刺、断茬。

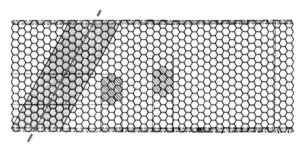

图 1   蜂窝带 60° 切割线

2. 点焊接头

点焊前目视检查蜂窝带接头两端的配合面，确保配合面能以最小间隙拼焊在一起。确认蜂窝带平整后，使用冷焊机电阻焊方式对两端接头配合面进行点焊，点焊功率设置为低挡位，先对蜂窝环内径接口等距点焊 4 ~ 5 个点后，再对蜂窝环外径接口进行 4 ~ 5 处点焊固定，最后功率调至高挡位，完成配合面内、外径所有面的点焊，如图 2 所示。

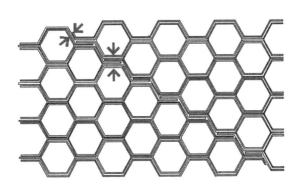

图 2　点焊蜂窝接头

3. 表面处理

选择适配的专用机加去除工装，通过数控铣、车、磨等方式，遵循见基体即停原则完成待修零件旧蜂窝的去除工作。采用手工打磨的方式继续去除残余旧蜂窝，直至将基体钎焊面打磨成平整、光洁的状态，随后利用高灵敏度荧光检测液毛细作用和光致发光原理对打磨表面进行检测，排查状态无裂纹，再执行湿喷砂工序，保护蜂窝封严其他部位，只暴露待修零件基体钎焊面。喷砂后表面粗糙度标准值控制在 $Ra\ 0.84 \sim 1.41\mu m$，与经前道工序（点焊接头）制备好的蜂窝环一并进行化学清洗，去除表面油污及锈渍后经烘箱烘干。

4. 预埋钎料

截取 2 片长度一致的镍基钎料带，依次撕开保护膜并将钎料带叠拼在一起，然后平铺放置在蜂窝环待钎焊表面，顶面仍保留透明保护膜，使用钎料预埋压入工装，对钎料带反复擀压，将钎料均匀、彻底地预埋进蜂窝芯格中，直至完全暴露出蜂窝芯格基体，呈现出金属光泽。钎料预埋完成的区域用保鲜膜包覆进行保护，以此类推完成整圈蜂窝环钎料预埋工作。完成预埋后，撕去保鲜膜，再次使用手术刀片轻轻刮除蜂窝面上残余的钎料直至蜂窝芯格基体完全暴露。

5. 点焊定位

将已预埋钎料的蜂窝环装配在待修零件基体钎焊面上，使用双脉冲点焊设备对蜂窝面进行电阻焊定位。沿着蜂窝面宽度方向前、中、后三个部位依次进行电阻焊，完成一组定位后再进行下一距离间隔的电阻焊定位工作，如图 3 所示。电阻焊效率设置为 25%，压力为 30kgf（1kgf=9.8N）。点焊过程中应实时对电极头状态进行检查，当电极头铜片出现变形或者发黑后应及时更换，避免因接触不良造成蜂窝面打火烧蚀。焊接完成后用塞尺对焊缝进行检查，当间隙大于 0.076mm 时应对此区域再次进行电阻焊定位。

图 3 电阻焊定位

6. 涂覆钎料

使用无菌注射器抽取 3mL 钎焊凝胶黏接剂，使用天平称取约 9g 的镍基钎焊金属粉末倒入注射器筒身中，用玻璃棒搅拌均匀，使混合物呈凝胶状，最佳状态为玻璃棒抽离时，钎料膏可拉丝 10 ～ 15mm。通过挤压注射器将钎料膏均匀涂抹在蜂窝与待修零件的夹角上，注射过程中同时确保膏体完全覆盖在钎脚接缝上。注射量标准是：钎料膏体积为接缝装配间隙的 4 倍。

7. 真空钎焊

将已定位蜂窝的待修零件装夹进钎焊专用工装，整体匀速、缓慢地送进真空热处理炉，确保震动不改变装配间隙。按照设定工艺步骤进行真空钎焊：在真空度 0.5μmHg 的条件下，缓慢加热至 400℃、900℃，分别保温 10min，使待修零件组件及钎焊工装充分受热，整体组件温度达到均匀状态，此时迅速升温至 1130℃并保温 5min，最后向热处理炉膛内充惰性气体高纯氩气，快速冷却至出炉温度，钎焊工艺曲线如图 4 所示。

8. 焊后检测

待炉温冷却至 80℃以下，取出零件，将蜂窝检测面水平向上放置于钎焊质量渗漏检测工装升降料框内，下降料框至待检零件完全浸泡在检测溶液中，静置 20min，使蜂窝芯格内残留的空气被检测溶液充分排出。缓慢提升料框至观察平台，静置 5min 后使用黑光灯照射进行检测。钎

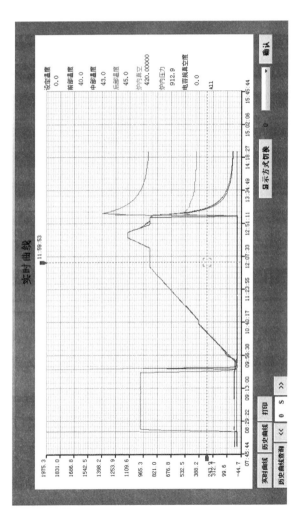

图 4　钎焊工艺曲线

焊完好的区域，每个蜂窝芯格内均有溶液并且反射荧光，未钎焊成功的区域则会暗淡无光。标记未钎焊成功区域并计算面积占比，若最终结果不满足验收标准（钎着率大于 80%），则进行补焊（注意：每单次修理件补焊次数不得超过 2 次），直至蜂窝面钎着率满足验收要求。随炉试件钎脚金相合格状态如图 5 所示。

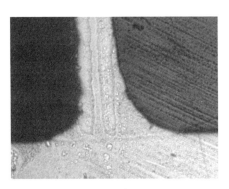

图 5　随炉试件钎脚金相合格状态

9. 时效处理

当进行蜂窝钎焊维修作业时，零件在真空环

境下持续高温热循环会产生应力集中，导致蜂窝封严结构件母材的组织性能下降。因此，钎焊后必须进行时效热处理，恢复蜂窝封严结构件强度，将其热处理温度控制在钎料固相线温度之下，消除由于微变形使零件内部各晶粒间相互作用的内力，最终恢复蜂窝封严结构件的整体组织性能。

将钎焊后钎着率检测合格的零件装夹入热处理专用工装，如图 6 所示，整体匀速、缓慢地送进真空热处理炉，确保震动不改变装配间隙。按照热处理制度执行：在真空度 0.5μmHg 条件下，缓慢加热至 760℃，保温 5h，降温至 650℃，保温 1h，随炉冷却至室温，取出零件转送下一道工序。

10. 精加工修形

航改型燃气轮机蜂窝封严结构件基体结构复杂，蜂窝材质一般为高温合金，质地较硬且蜂窝

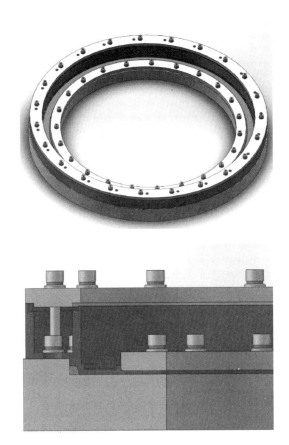

图 6　热处理夹具

结构为孔隙非实体结构，传统磨削、车削机加工方式易造成蜂窝壁倒伏、破损，所以蜂窝封严结构件一般采用电火花蚀刻精加工修形至完工尺寸。

电火花精加工是在一定工作介质（电解液）中，通过工具电极和工件电极之间脉冲放电的电蚀作用，在两电极间产生多次火花放电，对蜂窝封严结构件进行加工的方法。脉冲参数可以数控精准调节，加工精度可达 0.02mm，表面粗糙度 Ra 值精度可达 0.05μm。

11. 清洗除油

通常先采用化学清洗工艺方法，主要去除蜂窝封严结构件表面油污及电火花电解液，再进行超声波震荡清洗，清理出电火花精加工后蜂窝芯格内所有金属粉末、碎屑，清洗干净后放入烘箱烘干。

12. 检查验收

这是最后一道工序，需要对蜂窝封严结构件进行质量控制综合性检查。通过目视检查、尺寸测量和功能性测试等方式再次验收维修质量，并将验收合格的蜂窝封严结构件转入库房待装机运行。钎焊维修完工状态的蜂窝封严结构件如图 7 所示。

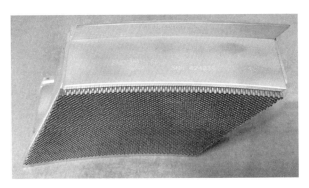

图 7 钎焊修复后的蜂窝封严结构件

第二讲

真空钎焊维修质量关键控制点

实践证明，航改型燃气轮机蜂窝封严结构件真空钎焊质量的好坏主要取决于以下四个关键控制点，分别是钎焊表面质量、钎料用量、钎焊间隙和钎焊温度。

一、钎焊表面质量

1.问题描述

钎焊表面质量包括待修零件基体钎焊面清洁度、粗糙度和蜂窝带平整度三个方面。其中，基体钎焊面粗糙度是影响蜂窝钎焊质量的关键因素之一。如果钎焊面粗糙度指标过低、接触面积减少，会使零件基体与蜂窝带焊接不牢固，在真空钎焊过程中极易发生焊点脱焊现象，导致焊接质量不合格；如果钎焊面粗糙度指标过高，则零件基体钎焊面过于光滑，不利于钎料利用毛细原理在零件基体与蜂窝带配合面相互扩散、铺展，钎料铺展率低于标准要求，导致焊接质量不合格。

2. 解决措施

维修时按照以下步骤开展。

（1）使用除油溶液浸泡待修零件和蜂窝带备件 5 ~ 10min，实现除油去污效果。

（2）通过大量样件试验，测算出钎焊效果优良的基体钎焊面粗糙度标准值。对基体钎焊面进行喷砂处理，控制表面粗糙度在标准区间 Ra 0.84 ~ 1.41μm。蜂窝带平整度通过热处理专用夹具约束可有效控制，保证钎焊间隙符合要求。

二、钎料用量

1. 问题描述

预埋压入蜂窝芯格面的带状钎料以及涂覆钎脚的钎料膏用量必须精准控制。钎焊时，若钎料过量则会导致蜂窝芯格熔蚀，如钎料超过蜂窝芯格高度的 25%，甚至填满芯格，造成钎焊质量验收不合格；若钎料用量不足，则会出现蜂窝芯格钎着率不达标，或蜂窝钎脚与零件基体未完全结合，不满足钎焊质量验收要求。

2. 解决措施

维修时可使用量杯、天平秤等标准计量器具，通过精准测量来控制钎料粉末与黏结剂配比。经反复试验发现粉剂配比为 3：1、搅拌棒抽离时拉丝长度为 10 ~ 15mm 所形成的凝胶状钎料膏效果最佳，再使用无菌注射器将钎料膏均匀涂抹在蜂窝带与待修零件基体钎脚上，注射过程中膏体要完全覆盖钎脚接缝。

注射量标准是：钎料膏体积为接缝间隙的4倍。

三、钎焊间隙

1. 问题描述

在蜂窝封严真空钎焊技术中，蜂窝带与基体钎焊面之间的钎焊间隙是最关键因素。固定有蜂窝带的待修组件在高温环境下呈现热膨胀状态，因蜂窝带与工件材质不同，热膨胀系数也不同，因此必须通过精确的间隙控制来保证高温环境下蜂窝带与待修零件尺寸相符。

2. 解决措施

钎焊试验结果表明，将蜂窝带与待修零件基体钎焊面装配间隙控制在 0.076mm 以下，钎料毛细扩散作用最好，可达到最佳钎焊效果。维修时，通过使用双脉冲点焊将蜂窝带电阻焊固定在待修零件基体钎焊面上，严格控制钎焊间隙位于标准值区间。电阻焊先从待修零件最低点处满焊固定，随后从最低点处向两端逐步进行点焊，沿着蜂窝面宽度方向前、中、后三个部位依次进行电阻焊后，再进行下一距离的电阻焊。焊接完成后用塞尺对焊缝进行检查，当间隙大于 0.076mm 时，应对此区域再次进行电阻焊定位，确保间隙小于 0.076mm。

四、钎焊温度

1.问题描述

修复航改型燃气轮机蜂窝封严结构件使用镍基钎料，该钎料液相温度区间为 1020 ~ 1140℃，保温时间随钎焊温度呈线性变化。钎焊温度取钎料熔化温度的上限，则保温时间不宜过长，否则会导致钎料肆意扩散，致使钎焊面钎料不足。

2. 解决措施

维修时通过全自动数控真空热处理炉精准控制炉内钎焊温度以及保温时间，先热辐射加热，再保温至炉膛内温度均匀，使待修组件以及钎料充分预热，然后迅速升温达到钎料熔化温度值，设置适宜的保温时间，最后向热处理炉膛内充惰性气体高纯氩气，快速冷却至出炉温度。

五、实施效果

该新工艺已在航改型燃气轮机蜂窝封严结构

件修复时应用，反馈效果良好。目前已建立内环形、外环形、环筒形和扇形段 4 种类型的蜂窝封严维修工艺标准流程，钎着率达 95% 以上，高于行业平均水平 80%，钎焊质量一次性合格率达100%，同时工作效率提高 33%，单件维修成本降低 60% 以上。

第三讲

不同基体结构对应的
维修工艺方案

航改型燃气轮机蜂窝封严结构件结构各不相同，尺寸差异明显，按照结构可划分为内环形、外环形、环筒形和扇形段等4种类型。每种类型蜂窝维修工艺不尽相同，并且由于结构形式、蜂窝尺寸等各具特点，4种类型蜂窝封严结构件维修过程有所差异。下面主要从工艺方法、工装制造等质量关键控制点对不同基体结构维修工艺差异化工序步骤进行具体讲述。

一、内环形蜂窝封严

内环形蜂窝封严是蜂窝封严结构件基体为圆环状，蜂窝为内嵌式，焊接位置处于圆环基体内侧的零件。内环形蜂窝封严钎焊维修时，技术难点主要集中在钎焊前的准备阶段。

1. 裁切蜂窝带

（1）问题描述

钎焊前准备裁切蜂窝带工序中，要求蜂窝带

尺寸与待修零件基体钎焊面必须过盈配合。由于蜂窝封严结构件每次维修时都需要通过车削工艺去除旧蜂窝，所以基体钎焊面会不断变薄，内径尺寸是不断变化的。因此与其配合的蜂窝带尺寸也是不固定的，每次预制备时均需要动态计算、裁切。内环形蜂窝为内嵌式，过盈配合则要求蜂窝带长度比基体钎焊面实际直径展开尺寸更大。

（2）解决措施

将定制的高温合金蜂窝带水平装夹到数控切割机裁切蜂窝专用工装上，启动切割机沿蜂窝带芯格边缘60°方向切割，将蜂窝带两端裁切成斜口接头。将裁切后的蜂窝带围内环形待修零件基体钎焊面绕成环，确保蜂窝与钎焊面完全贴合。对绕制的蜂窝环接头部位进行评估：蜂窝斜口接头此时必须为搭接状态，沿切割方向精细打磨去除一整排蜂窝芯格，直至蜂窝环两端斜口接头处搭接 0.5～1 排蜂窝芯格，与内环形待修零件基体钎焊面形成过盈配合。使用磨削工具对蜂窝带斜切面进行打磨，去除切割面上的毛刺、断茬。

2．电阻焊定位

（1）问题描述

预制成环的蜂窝备件横截面呈"马鞍形"，如图 8 所示，即中部凹陷，两侧外缘翘曲，厚度越厚的蜂窝带形成的"马鞍形"也越大。蜂窝环与基体钎焊面的间隙是决定钎焊质量的关键因素，必须严格控制蜂窝表面平整度，使焊接间隙小于 0.076mm。因此，必须选择合适的工艺方法尽可能地减小翘边。

（2）解决措施

将已预埋钎料的蜂窝环通过周向挤压，内嵌至内环形基体钎焊面，此时蜂窝环两侧外缘与待修零件基体钎焊面为过盈配合，蜂窝环中部与基

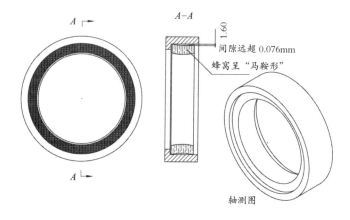

图 8　"马鞍形"的蜂窝备件横截面

体钎焊面并未贴合，呈隆起鼓包状，使用专用电极头仅对蜂窝面宽度方向中部进行高强度电阻焊固定。电阻焊先分四等分距离进行点焊定位，然后分八等分距离进行点焊定位，随后按圆周方向逐步进行点焊，将整圈蜂窝环中部全部电阻焊固定后，再对蜂窝环两侧外缘依次电阻焊。电阻焊效率为 25%，压力为 30kgf（点焊过程中应实时对电极头状态进行检查，当电极头铜片出现变形或者发黑后应及时更换，避免因接触不良造成蜂窝面打火烧蚀）。焊接完成后用金属棒对蜂窝面中部轻轻敲击，出现沉闷空鼓声则表示蜂窝环与基体钎焊面未完全贴合。标记不合格处，再次进行电阻焊定位，直至金属棒敲击蜂窝面时发出清脆金属声，则表示蜂窝环紧密贴合在基体钎焊面上。经试样切片验证，此时两者间隙小于0.076mm，符合钎焊间隙标准要求。

3. 实施效果

通过上述优化工艺方法，已成功维修航改型燃气轮机多种内环形蜂窝封严结构件，钎焊合格率100%，现已全部装机运行，最长运行时间已达6000h，燃气轮机设备运行状态平稳，无任何异常状况。

二、外环形蜂窝封严

外环形蜂窝封严指蜂窝封严结构件基体为圆

环状，蜂窝为外箍式，焊接位置处于圆环基体外侧的零件。外环形结构件钎焊维修时，技术难点主要体现在蜂窝环预制备阶段。

1. 问题描述

外环形结构件蜂窝为外箍式，过盈配合则要求蜂窝带长度比基体钎焊面实际直径展开尺寸更小。因预制成环的蜂窝备件横截面呈"马鞍形"，通过加压、改变电极头结构等传统电阻焊方式无法将蜂窝环与外环形基体钎焊面紧密贴合。

2. 解决措施

（1）裁切

将定制的蜂窝带一端水平装夹到数控切割机切割蜂窝专用工装上，启动切割机沿蜂窝带芯格边缘 60° 方向切割。然后将被切割一端用 C 型夹固定在待修工件专用线切割工装上，另一端顺时针环绕工装形成蜂窝环，用记号笔标记接头重合部位，以标记部位为起点再次沿芯格边缘反向切

60°斜口。用磨削工具对斜切面进行打磨，去除蜂窝带切割面上的毛刺、断茬。将裁切后的蜂窝带在工装上绕成环，从斜口接头开始每间隔10cm用C型夹夹紧蜂窝至工装上，确保蜂窝与工装环完全贴合。对绕制的蜂窝环接头部位进行评估：蜂窝斜口接头此时若是搭接状态，则沿切割方向打磨去除一整排蜂窝芯格，直至蜂窝环两端接头处相差0.5～1排蜂窝芯格，与工装环形成过盈配合。

（2）点焊接头

目视检查蜂窝带接头两端的配合面，确认无残余毛刺、断茬，将斜口接头两端配合面以最小间隙拼焊在一起。使用精密冷焊机电阻焊方式对搭接面进行点焊，先对蜂窝环内径接口进行点焊，点焊效率设置为18%～20%，确认搭接面平整后，在内径等距固定4～5个点，再对蜂窝环外径接口处点焊4～5个点，然后完成配合面内、外径所有面的点焊。

（3）电阻焊定位

电阻焊前对蜂窝和线切割专用工装进行化学清洗，去除表面油污及锈渍，否则可能会因接触不良造成蜂窝环及工装烧蚀，影响焊接质量。将蜂窝环套在工装外环上，使用双脉冲点焊对蜂窝面进行电阻焊，电阻焊效率设置为25%，压力为30kgf，确认蜂窝环完全固定在工装上即可。

（4）中走丝线切割

将数控线切割设备钼丝（0.2mm）从专用工装环穿丝孔引入，以穿丝孔为起点沿着工装环外径增加0.8mm开始环形切割（钼丝速度为8～10m/s可调，精度为0.05～0.08mm），必须完全切掉蜂窝环内径的翘边部分（去除"马鞍形"），最终使蜂窝环内径与待修件基体外径呈过盈配合（基体钎焊面外径 ϕ 496mm），如图9所示。

图9　线切割工装环

（5）清洗除油

将线切割后得到的精密过盈尺寸蜂窝环进行化学清洗，去除表面油污及锈渍，冲洗干净后用烘箱烘干（120℃，30min）。此时再按照通用钎焊维修工艺流程，逐步进行钎料预埋工序。

3．实施效果

通过设计专用线切割工装，精密去除蜂窝环两侧翘边，控制蜂窝环与外环形待修零件基体钎焊间隙小于0.076mm，成功维修航改型燃气轮机多种外环形蜂窝封严结构件，钎着率高达95%以上，远超行业平均水平80%，已全部装机运行，最长运行时间已达4500h，燃气轮机设备运行状态平稳，无任何异常状况。

三、环筒形蜂窝封严

将基体为环筒状，蜂窝面从底部至上端呈一定倾斜角度的蜂窝封严结构件称为环筒形蜂窝封严。环筒形结构件钎焊维修时，技术难点主要体现在预制蜂窝环、电阻焊定位、电火花精加工阶段。

1. 预制蜂窝环

（1）问题描述

环筒形蜂窝封严结构件共有6条蜂窝环，每条蜂窝环与基体钎焊面均为坡口斜接，即蜂窝环截面呈现为上大下小、圆形倒凸台状，如图10所示。蜂窝带初始状态为长方体，经裁切适配长

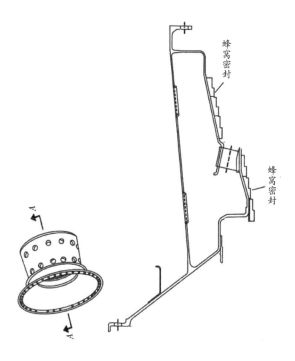

蜂窝密封

蜂窝密封

图 10　环筒形蜂窝封严结构

度绕制焊接成蜂窝环时，需要将每条蜂窝环按环筒形钎焊面特定角度加工成形。

（2）解决措施

①将6条不同规格的高温合金材质蜂窝带按照需要尺寸裁切绕制成蜂窝环，斜口接头处预埋镍基钎料，使用智能精密冷焊机点焊接头，进炉钎焊斜口接头。为避免焊后蜂窝环尺寸改变，需配合热处理工装环（SS-310S）进炉。

②钎焊蜂窝环斜口接头后，将6条蜂窝环通过电阻焊固定至机加工装环（SS-304）上，通过三坐标测量设备测得基体各钎焊面直径，利用数控电火花设备对蜂窝环外径按需求角度精密加工成17°、12°40′。参考内环形蜂窝封严结构，各蜂窝环外径与基体钎焊面呈过盈配合，即蜂窝环直径应比基体钎焊面直径大，试验得出过盈量约1.27mm可实现最优钎焊间隙。

③利用线切割设备从各蜂窝环内径穿丝孔处

周向割取整圈蜂窝环，获取外径为斜坡、内径平整（截面为直角梯形）的蜂窝环。

④专用附件。工装环（热处理、电火花）外径尺寸分别为 $\phi279.2mm$、$\phi271mm$、$\phi263mm$、$\phi212mm$、$\phi208mm$、$\phi197.5mm$。

注：因热处理工装需进炉热循环，为保证其精度，工装材质选用 SS-310S。电火花机加工装用于将蜂窝环电腐蚀成与基体钎焊面过盈配合的尺寸，使用时一般会存在电阻焊定位蜂窝造成的烧蚀、线切割环切产生的切削划痕、碳化硅砂轮打磨工装环表面的残茬等损伤，导致电火花机加工装极易损耗，考虑其经济性，工装材质选用 SS-304。

2. 电阻焊定位

（1）问题描述

环筒形蜂窝封严结构件共有 6 条蜂窝环，从上至下（AA-AP）蜂窝环直径依次减小，可分为

AA-AG、AH-AP 两组，每组由上、中、下 3 条蜂窝环构成。电阻焊定位前，需将每组直径最小的蜂窝环预装至基体钎焊面，第一条蜂窝环电阻焊定位按照标准工艺执行即可，定位第二条蜂窝环（中部蜂窝环）时，因两条蜂窝环存在高度差，电阻焊电极头极易与第一条蜂窝环侧面接触放电，造成蜂窝腐蚀损坏。

（2）解决措施

①电阻焊定位非第一条蜂窝环时，将电极头提升高度设置为距离待定位蜂窝面最小高度 3mm，可有效避免电极头下压放电过程中损伤第一条蜂窝环边角处，如图 11 所示处。

②每两条蜂窝环之间有 0.51mm 间隙，如图 12 所示，可通过预装非导电体隔绝电极头产生的放电，选用厚度为 0.3mm 的云母片裁切成 10mm 宽的窄条，均匀填装在蜂窝环间隙处，阻断电极头与第一条蜂窝环侧面直接接触。

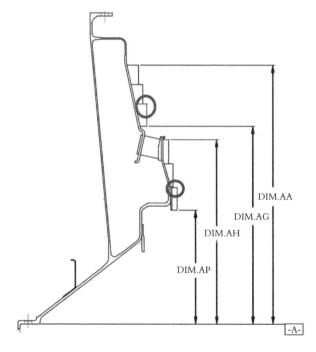

图 11 6 条蜂窝环位置关系

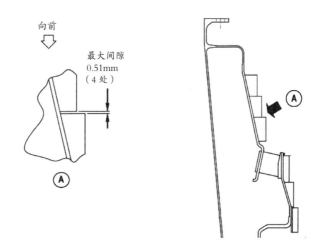

图 12　蜂窝环间隙

3. 电火花精加工

（1）问题描述

环筒形蜂窝封严结构件共有 6 条蜂窝环，钎焊完成后每条蜂窝环需机加成两道不同的直径，所以电火花精加工环筒形组件需要设计制作 12 种规格的电火花电极头，且加工每道直径需要重新校准电极原点。这不仅增加机加工设备及人员的工作量，而且对工装管理维护也是一个挑战，所以迫切需要优化精加工工艺，提升生产效率。

（2）解决措施

通过内径千分尺测得环筒形蜂窝封严结构件12 道蜂窝直径，使用高度尺测得 12 道蜂窝相对位置，依据坐标值设计一种集成电火花电极头，如图 13 所示。该电极头可将环筒形蜂窝封严所有蜂窝环仅通过两次校准、放电便可蚀刻成形，将电火花精加工生产时间从 80h 缩减至 20h。

图 13　集成电火花电极头

4. 实施效果

通过自主设计制造专用工装，运用电火花、线切割等精密机加方式制备出与环筒形蜂窝封严基体各钎焊面高度匹配的蜂窝备件，实现钎焊维修质量关键点控制，完成工艺优化，形成标准维修工序，成功维修航改型燃气轮机环筒形蜂窝封严结构件，生产效率提升300%。

四、扇形段蜂窝封严

将蜂窝封严结构件基体呈现为扇形弧段，蜂窝焊接位置处于扇形弧段内侧的零件称为扇形段蜂窝封严。燃气轮机扇形段蜂窝封严结构件钎焊维修时，技术难点主要体现在烧结阶段。

1. 问题描述

航改型燃气轮机扇形段蜂窝封严结构件需要在钎焊蜂窝后进行烧结，目的是增加蜂窝芯格强度，使封严组件在高温高压工况下运转状态更稳定。蜂窝芯格为正六边形，单边长度为1.6mm、壁厚0.08mm，烧结时要保证在密集排布的蜂窝芯格内均匀喷撒烧结粉末，填充高度不低于0.75mm，如图14所示。

2. 解决措施

（1）充分搅动5～10min，使烧结粉末粒子均匀分布。

（2）将烧结粉末撒入蜂窝芯格到所需的深度，确保所有芯格都已填充。轻轻地敲击扇形段结构件基体，使粉末沉淀到芯格底部并紧实。

注意：不要使用机械振动，这会导致成分和粒子大小分布不均。

（3）完成填充后，将扇形段组件装配在热处理专用工装上，蜂窝面朝上、水平放入真空热处理炉中。启动设备，抽真空稳定至0.05Pa以下，再注入氩气使其分压保持在26Pa，炉温升至1030℃并保持1h，随后冷却至900℃，关闭氩气，

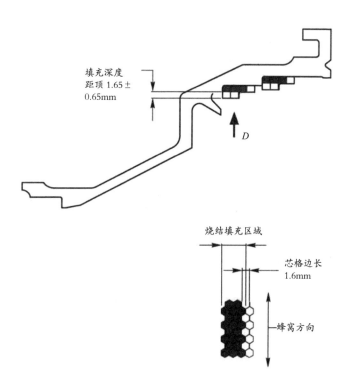

图 14　填充烧结粉末

抽真空后充入氩气，风冷至 150℃以下，烧结工艺曲线如图 15 所示。

（4）烧结后检验

①目视检查。在白光条件下，使用 10 倍双目放大镜目视检查所有蜂窝芯格，确保芯格被填充。

如果所有蜂窝芯格都正确地被填充，则可接受；如果超过 6 个单元格填充错误或有大空隙，则不可接受；如果相邻有超过两个被错误填充的单元格，则不可接受；如果每条边的第一个完整单元格填充错误，则不可接受；如果未正确填充的单元格之间距离小于 12.7mm（0.5in），则不可接受。

②金相分析。50 倍显微镜下，金属体积分数在 40%～70% 则合格，如图 16 所示。

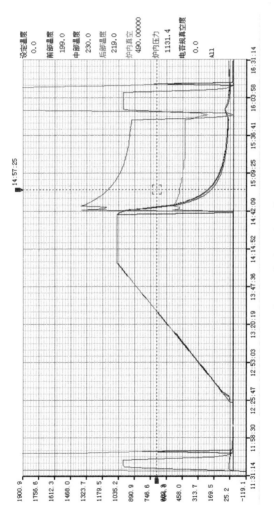

图 15 烧结工艺曲线

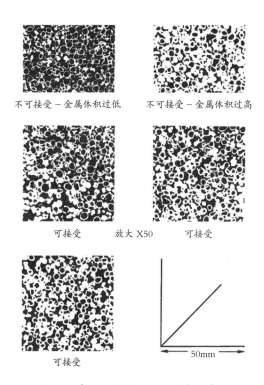

不可接受－金属体积过低　　不可接受－金属体积过高

可接受　　放大 X50　　可接受

可接受　　50mm

图 16　扇形段封严烧结后金相分析

注意：如果不符合检验标准，可再次烧结一次。使用纤维刷去除松散、氧化的烧结层，然后再填充新粉末，按照烧结工艺返工。

3. 实施效果

按照此烧结工艺，已成功维修航改型燃气轮机多种扇形段蜂窝封严结构件，将金相分析金属体积分数稳定控制在 60%，处于烧结验收标准 40% ~ 70% 中位值，使维修质量得到精准有效控制。目前最长装机运行时间超 5000h，燃气轮机设备运行状态平稳，无任何异常状况。

第四讲

高效维修蜂窝封严关键设备、工装的设计与制造

一、真空热处理设备的设计改进

真空热处理设备是保证采用真空钎焊法开展蜂窝封严维修的关键因素之一。维修时，操作人员将待修组件放置于真空热处理设备中，按照热处理工艺要求在真空中完成加热、保温、冷却等工艺，最终实现蜂窝带与待修组件的连接。为了获得良好的钎焊质量，从真空钎焊工艺角度出发，对真空热处理炉的设计制造进行系统性改进。

1. 问题描述

（1）炉内真空度应能满足钎焊工艺要求，尤其是当钎料中含有蒸气压较高的合金元素时，设备应具有控制这些元素挥发的能力，即具有自动调节炉内压力的能力。

（2）加热区间的温度应能精确控制和自动调节，并可准确显示和记录。加热炉膛的全部构件必须具有一定的机械强度、耐高温性能及化学稳定性。

（3）真空炉应具有强制冷却的功能，一方面可以缩短钎焊周期，另一方面可以满足钎焊维修后恢复零件组织性能的热处理要求。

（4）热处理设备控制系统应能实时查看和保存工艺曲线，自动保护装置必须安全可靠，具备突发情况下（断水、断电）应急处置功能，工控机控制系统具备连锁保护功能，防止误操作。

2. 解决措施

目前国内外市面上真空热处理设备成品并不能完全符合钎焊维修蜂窝封严的技术要求，为解决以上技术难点，向设备厂家提出定制化需求，将 HVGQ 型真空热处理炉进行系统性优化改进，按照以下结构形式设计制造，从而使热处理炉成为能够准确调节温度、时间的自动控制高精尖设备，为确保钎焊质量优良创造必要生产条件。

该卧式真空热处理设备由炉体（卧式、单室）、真空系统、气冷系统、充气及分压控制系统、水冷系统、气动系统、电气控制系统、装卸料叉车等组成，如图 17 所示。

炉体主要由炉壳、炉门与炉胆组成。炉壳采用圆形双层冷夹套水冷结构，外壁采用碳钢材质，内壁采用不锈钢，并经过抛光处理。两壁之间通冷却水，炉壳制造采用无氧化保护焊接。炉门采用标准封头，同样设置为双层水冷结构，与炉壳采用相同的结构材料及工艺制造。该炉门在炉体前侧开门，卧式回转式，锁圈结构锁紧，通过气缸驱动锁圈旋转以完成自动开启和锁紧。炉胆为圆形结构，采用 3 区控温加热，加热功率具备自动调节功能，热场内部为全金属辐射屏，设置有加热元件和水冷电极。加热电源使用低电压、大电流方式供电。加热元件采用钼镧合金，宽幅加强式结构，每条带上有 2 条凹凸槽的加强

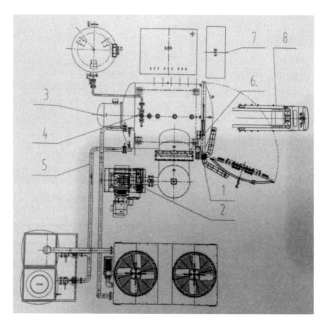

1. 炉体；2. 真空系统；3. 气冷系统；4. 充气及分压控制系统；
5. 水冷系统；6. 气动系统；7. 电气控制系统；8. 装卸料叉车

图 17   真空热处理设备结构图

筋。加热带采用模块化设计，具有互换性，背部陶瓷支撑技术。隔热屏由 3 层 0.4mm 钼镧合金发射屏＋4 层不锈钢反射屏构成，最外层为厚度 4mm 的不锈钢壳体。料台由三排横梁及支撑柱组成，加热室工件支撑支架采用耐热钢制造，具备足够的强度。配置 3 支双芯 S 分度热电偶，用于 3 个温控区控制温度、安全及记录，另外单独设置 1 支 S 分度热电偶用于超温报警。配置可以插入 12 支 N 分度铠装柔性热电偶的真空密封及内外插座转换器，用于进行 TUS 测试。炉胆设计为可移动式，炉胆框架底部设置有滚轮，可以整体移出。

真空系统由机械泵、罗茨泵、扩散泵、维持泵组成三级四泵式真空系统，真空探头及真空仪表组成真空测量系统，该系统还包括真空管路和必要的真空阀。真空机组和炉体之间配置 1 套防止焊接副产物蒸汽的过滤收集系统，在热处理设备工作过程

中，真空系统各个泵组的启动须按程序事先设定
好的步骤自动执行，也可以手动控制。

　　气冷系统由电机、高压风机叶轮、高效全铜制热
交换器、导风管路等组成，叶轮直接装在电机轴
上，并与大型热交换器等一起安装入热处理设备主体
后端内部。设备最大压力 1bar（1.99bar=100kPa），
以便实现加压充气冷却，冷却压力分级可调（压
力调节精度 ±0.1bar），由 PLC 程序自动控制。
安全设置上采用 3 级保护控制方式，由压力控制
仪表控制炉内压力，分别由压力传感器、压力开
关进行安全控制，顶部设有安全阀。

　　充气及分压控制系统为负压分压工作系统，
可以在 1 ～ 2000Pa 范围内任意设定，分压自控
精度控制在 ±5Pa 范围内。负压分压控制方式为
电磁阀控制充气（高纯氩气），通过触摸屏设置
分压时间并连接到计算机与 PLC 程序。高纯氩
气供气管路结构采用精密仪表管制造，气体管路

上装有管路减压阀、单向止回阀、电磁阀、流量计、针型调节阀、压力传感器。充气系统由大通径高压气动阀完成对真空炉的快速充气，充气管路上配有压力表和气动蝶阀，气体压力通过工控机选择设定。

　　水冷系统进出水均采用闭式循环结构，可实现对炉门、炉壳、热交换器、电机罩、水冷电极和真空机组等进行冷却。该水冷系由主进水管、主排水管和冷却水管等组成，进水管通过法兰连接进水分配器，采用不同管径通往所需冷却的各个设备，排水管通过法兰连接排水集中器，各分支排水管汇集于此处，回流至水泵站。在总进水管入口部位安装有电接点压力表、温度检测器，用于检测进水水压、水温。如果水压低于1bar，系统开始报警，并停止加热。如果进水温度超过35℃，系统开始报警，并停止加热。水冷系统配备80m³/h的外循环冷却水系统，采用封闭式结构，循环水箱为不锈钢材质，包括水泵、水箱和管道、阀门，有报警和连锁保护、显示、安全控制等功能，有应急旁路水冷系统，用于紧急断电时冷却保护设备。

气动系统由气动三联件（减压阀、水过滤器、油雾器）、压力开关、电磁阀、气动阀门及分支管件等组成，该系统通过控制系统向需求气动部分的执行元件（如炉门气缸、充气阀、真空阀等）提供清洁压缩空气气源动力。

电气控制系统由计算机、工业显示器、PLC、温度控制仪表、真空测量系统、可控硅调压器等组成。该系统采用电源柜和控制柜分开设置，整个控制系统使用厂家自研、容易操作的控制软件，带有图形显示，便于操作和监控整个工艺过程。电源柜采用三相五线制，以炉前变压器为核心，通过低电压、大电流方式供电。控制柜装有智能化温控仪、PLC、真空计、工控机等仪器仪表，构成包括控制、记录、监视、报警、保护功能在内的控制系统，实现除装、卸料外，全部过程可自动控制，并配备有手动操作和区间运行功能。

装卸料叉车为电动液压遥控叉车，为了减少工作区域转弯半径，叉车采用万向轮结构，炉体下部设有导向装置，便于装、卸料时精准控制方向，防止触碰加热带造成损坏，装、卸料后可移至指定位置存放。

表1　技术参数

参数名称	参数内容
设备结构	单室、卧式、水平前装料、内热式金属屏
最高温度	1350℃
有效工作区	1200mm×900mm×900mm（长、宽、高）
最大装炉量	1200kg
工作温度范围	500～1300℃
温度均匀性	≤±5℃（在真空下，按AMS2750E标准在500～1250℃范围内，空间9点测试500℃、650℃、800℃、1050℃的温度均匀性）
控温精度	≤±1℃
极限真空度	≤4×10^{-4}Pa
工作真空度	≤5×10^{-3}Pa

续表

参数名称	参数内容
压升率	≤ 0.26Pa/h
抽气速率	≤ 40L/min 抽至工作真空度（冷态、空载、清洁、干燥、无污染，不含扩散泵预热时间）
最大气冷压强	≤ 1.99bar（氩气）
最大升温速率	≤ 20℃ /min（空炉）
冷却风机电功率	37kW
供电方式	三相 380V，50Hz ± 10%

3. 实施效果

HVGQ–9912S 型真空热处理设备适用于镍基高温合金、18-8 奥氏体不锈钢、钛合金等材料的燃气轮机同种金属、异种金属相关零件以及特殊结构零件的真空钎焊。

二、预埋钎料擀压工装设计制造

预埋钎料是钎焊预制备工艺过程中的重要一环，必须将钎料完全压入蜂窝芯格内，保证蜂窝带表面无高点、无残留。传统预埋钎料方法一般是采用尼龙辊轮（尼龙棒＋轴承制作而成）擀压钎料带，尼龙辊轮在多次反复滚压后，辊轮表面会被蜂窝芯格刻蚀成凹凸不平的形状，严重影响钎料带预埋质量。同时，将蜂窝带平铺在工作台上手工擀压时，往往会因受力不均导致蜂窝芯格处残留钎料。当工作量较大时，操作人员易疲惫、施力不均，存在尼龙辊轮倾斜导致蜂窝带边缘受力变形的风险。工作效率较低，通常一条长1650mm、宽26mm的蜂窝带预埋钎料需要耗时约180min。传统尼龙辊轮擀压法费时费力，预埋钎料工艺有待优化。

1. 问题描述

（1）航改型燃气轮机蜂窝带结构通常是由厚度0.05mm的金属带材冲压成梯形波纹板，经电阻焊拼焊成六边形芯格结构，向蜂窝芯格压入钎料时，施力不均会造成蜂窝带两侧受挤压变形。

（2）预埋钎料时进给速度不一致会使钎料带

断裂，造成部分芯格无钎料填充。

（3）传统尼龙辊轮材料使用周期较短，需要更换为性能更佳的新材料。新材料既应具有适当硬度，保证将钎料完全压入芯格，又应具有轻微回弹性，确保将钎料带压入蜂窝芯格时不损伤蜂窝。

2. 解决措施

（1）钎料预埋装填工装以压缩空气作为动力源，利用气缸精准控制上下辊轮距离，实现将铺设钎料带的蜂窝条带预压紧，通过加压按钮释放 3 ~ 5kgf 压力，压力数值依据蜂窝带高度不同，由压力表精准调节，将钎料完全压入蜂窝带芯格内。

（2）擀压辊轮选用 HRC80 聚氨酯（PU）棒料，棒料中心铣键槽，实现快拆替换。棒料长度按照蜂窝带最宽尺寸设置，实现尺寸全覆盖。

（3）钎料预埋装填工装可单人操作，通过正反向旋转手轮往复擀压，可将钎料完全预埋进蜂窝芯格，得到平整度符合标准的钎焊面，不必再使用手术刀刮除多余钎料，如图 18 所示。

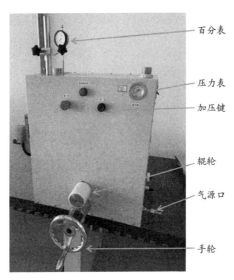

图 18　钎料预埋装填工装

3. 实施效果

钎料预埋装填工装显著提高蜂窝封严结构件的维修效率，将钎焊前预埋钎料带工序由原来的单条 180min 降至 30min，工作效率提高 500%。

三、真空钎焊质量检测循环装置设计制造

蜂窝封严经真空钎焊后，必须通过渗漏检测，钎着率达到 80% 以上为合格。钎焊合格标准为蜂窝芯格底部与基体钎焊面完全接触，此时向芯格内注入检测溶液，静置 15min 后溶液液面高度无变化。

1. 问题描述

（1）常规采用注射器逐个芯格注射检测溶液来检测钎着率，存在工作效率低、检测溶液消耗量大的问题。

（2）检测溶液为 C12-14- 乙氧基仲醇与纯水混合溶液，具有挥发性。

2. 解决措施

针对上述技术难点，作者开展了大量的研究工作，并在实际应用过程中不断进行完善和优化，最终设计制作出具有创新性的检测装置。

（1）钎焊质量检测装置主体分为槽体、槽盖、

升降料框、动力系统以及框架。槽体内长、宽、高为 1300mm×600mm×900mm，可以容纳航改型燃气轮机所有蜂窝封严件。槽盖检测后可翻折关闭，有效抑制溶液挥发。

（2）升降料框内部铺设特氟龙材料，避免硬接触损伤蜂窝封严。料框可下降到槽体底部，将工件完全浸泡在检测溶液中静置 15min，充分浸润所有蜂窝芯格、排净空气，有利于后续观察。

（3）采用气动隔膜泵作为溶液循环喷淋的动力源，不存在触电风险，喷淋压力 50psi（1psi= 6.895kPa）。喷淋时既不损伤蜂窝封严，又无水柱飞溅。

（4）检测溶液收集池与零件浸泡槽整合为一体，设备整体性强，空间利用率高，占地面积小。

3. 实施效果

真空钎焊质量检测循环装置投入使用后，检测效率提升 70%。

四、扇形段冷校形工装设计制造

航改型燃气轮机蜂窝扇形段属于热端部件，大、中修时必须更换蜂窝带。扇形段长时间运行后极易产生热应力变形，其扇形段弧面两端会向圆心处弯曲，如图 19 所示，影响维修质量，主要表现在两个方面：一是去除旧蜂窝时，按照标准弧度机加工会过多去除变形区域基体材料，导致因壁厚变薄、结构强度降低而报废；二是电火花精加工蜂窝完工时，尺寸无法保证加工一致性。因此必须设计制造扇形段冷校形工装，保证

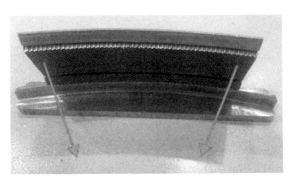

图 19　扇形段弧面两端向圆心处弯曲

每一片扇形段弧面曲率一致，将变形量控制在公差范围内。

1. 问题描述

每一片蜂窝扇形段弯曲变形量不一致，冷校形工装必须满足变形曲率不同的基体。

2. 解决措施

（1）冷校形工装依据扇形段弧面变形量不同，制作成反向变形 –1mm、1mm、1.5mm、2mm、2.5mm、3mm 的曲率，逐级递增规格。

（2）冷校形时，依次从小曲率夹具开始装夹，使用液压压床缓慢加压，使扇形段基体与夹具上下弧面完全贴合，此时扇形段处于反向变形状态，保持压床压力在 2 ~ 4MPa，持续保压 30min。每次加压后进行检测，直至扇形段能够顺利通过检测工装，满足标准要求。

3. 实施效果

蜂窝扇形段经冷校形后可保证每一片扇形段

弧面曲率一致，将变形量控制在公差范围内，避免因壁厚变薄而报废，降低采购成本。

五、衬板隔绝类蜂窝扇形段钎焊夹具设计制造

航改型燃气轮机蜂窝扇形段包括直接钎焊类、衬板隔绝类两种类型。衬板隔绝类蜂窝扇形段真空钎焊工艺略复杂于直接钎焊类，主要表现在衬板固定焊接上。以某型燃气轮机高压涡轮静止空气封严为例，基体弧面布满气流通道，如图20所示，蜂窝依托衬板（厚度0.6mm）钎焊于气流通道上。机加工去除旧蜂窝时，数控铣床刀具挤压扇形弧段空腔处，衬板出现凹陷、裂纹等缺陷，无法再次使用，因此蜂窝扇形段更换新蜂窝时必须连同衬板一起更换。

1. 问题描述

（1）气流通道表面呈光滑微弧形，衬板表面平整光洁，因此无法精确定位固定衬板。

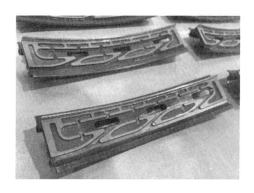

图 20 扇形弧段气流通道

（2）采用钎料带预埋工艺时，由于钎料带阻隔了扇形段基体与衬板，使二者不能直接接触，产生绝缘效应，电阻焊焊接时无法放电，故不能定位固定衬板。

2. 解决措施

（1）改进定位方式，设计成重力式钎焊夹具，将衬板精准固定在扇形弧段内弧钎焊面上，如图 21 所示。相比螺柱顶丝加压、G 型夹紧固等方式更高效可靠、稳定便捷。

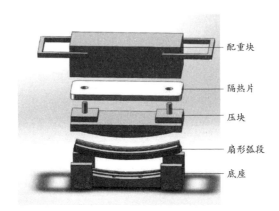

　　配重块

　　隔热片

　　压块

　　扇形弧段

　　底座

图 21　重力式钎焊夹具结构图

　　（2）采用拓印方式将钎料带底部气流通道轮廓全部拓显出来，用手术刀剔除空腔处多余钎料，解决钎料无法预埋问题。

　　（3）钎焊夹具采用高温合金材质，既能保证高温稳定性，又能以较高强度约束蜂窝扇形段钎焊弧度。

　　（4）在夹具上设计合理的气流导槽与散热孔，如图 22、图 23 所示，增大内外部温度交换速率，使扇形段各个位置均能均匀、快速升温，且升降温速率控制在标准范围内。

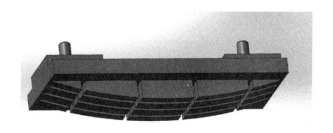

图 22　夹具压块弧面气流导槽

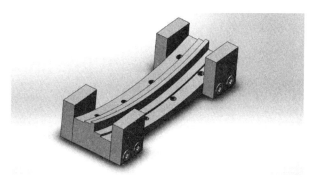

图 23　夹具底座散热孔与气流导槽

3. 实施效果

既保证了焊接后蜂窝扇形段弧度保持不变，又能实现批量化生产，钎焊合格率 100%。

后　记

《"十四五"现代能源体系规划》提出，我国步入构建现代能源体系的新阶段，能源安全新旧风险交织，"十四五"时期能源安全保障将进入固根基、扬优势、补短板、强弱项的新阶段，供应链安全和产业链现代化水平有待提升。依托我国能源市场空间大、工程实践机会多等优势，加大资金和政策扶持力度，重点在燃气轮机等关键核心技术领域建设一批创新示范工程，开展燃气轮机设计、试验、制造、运维检等关键技术攻关及示范应用。

习近平总书记指出，"要加快科技自立自强步伐，解决外国'卡脖子'问题"。燃气轮机作为天然气长输管道的"心脏"，对于保障我国能源供给安全、"把能源的饭碗端在自己手里"具有不可替代的作用。长期以来燃气轮机的运行维护和维修技术过度依赖国外，技术"卡脖子"风险长期存在。我们燃气轮机产业工人，要锚定高端装备技术领域和关键核心技术，建设核心技术团队，提升核心功能，提高核心竞争力，建立管输用关键设备服务全周期、风险全覆盖的保障能力，提升技术与标准建设能力、数字化与智能化发展能力，成为数字化转型赋能关键设备维检修的"排头兵"和"领跑人"。

党的二十大报告中对青年一代寄予殷切期望，"青年强，则国家强。当代中国青年生逢其时，施展才干的舞台无比广阔，实现梦想的前景无比光明"。作为当代青年，应该主动分析自身的能力欠缺，持续学习，不断补强弱项；认真负责地做好本职工作，以高度的责任感和事业心投身生产一线，遇事不推诿、敢担当，做工作不拖拉、高效率；严格要求自己，爱岗敬业、踏实肯干，以钉钉子的精神在生产一线实现自己的人生价值。

我还要继续依托劳模和工匠人才创新工作室平台，在技能攻关、带徒传技、技术推广等方面发挥积极作用，开展新工艺开发、技术革新、学术交流、人才培养等重点工作，把自己先进的工作方法与优秀的技能经验传承发扬下去，培育更多技术技能人才。

我将与团队一起专注油气管道关键设备运检维业务，深入研究机泵设备大、中修控制系统，变频器系统等维修技术，努力构建制度健全、技术精湛、机制高效、保障有力的设备维检修平台，努力迈入世界同行业前列。

2024 年 5 月

图书在版编目（CIP）数据

黄兆亮工作法：航改型燃气轮机蜂窝封严钎焊修复 /
黄兆亮著. -- 北京：中国工人出版社，2024.7.
ISBN 978-7-5008-8476-7

Ⅰ.TK47

中国国家版本馆CIP数据核字第2024XZ9623号

黄兆亮工作法：航改型燃气轮机蜂窝封严钎焊修复

出 版 人	董　宽
责 任 编 辑	魏　可
责 任 校 对	张　彦
责 任 印 制	栾征宇
出 版 发 行	中国工人出版社
地　　　址	北京市东城区鼓楼外大街45号　邮编：100120
网　　　址	http://www.wp-china.com
电　　　话	（010）62005043（总编室）
	（010）62005039（印制管理中心）
	（010）62379038（职工教育编辑室）
发 行 热 线	（010）82029051　62383056
经　　　销	各地书店
印　　　刷	北京市密东印刷有限公司
开　　　本	787毫米×1092毫米　1/32
印　　　张	3.25
字　　　数	37千字
版　　　次	2024年10月第1版　2024年10月第1次印刷
定　　　价	28.00元

优秀技术工人百工百法丛书

第一辑　机械冶金建材卷

100 ARTISANS AND 100 TECHNIQUES SERIES

郭玉明工作法

复吹转炉底吹的精准维护

100 ARTISANS AND 100 TECHNIQUES SERIES

金国平工作法

炼钢连铸设备智能化的运维与改善

100 ARTISANS AND 100 TECHNIQUES SERIES

李兵工作法

汽车发动机故障诊断与维修

100 ARTISANS AND 100 TECHNIQUES SERIES

李凯军工作法

压铸模具制造

100 ARTISANS AND 100 TECHNIQUES SERIES

林学斌工作法

连铸电气设备的点检

100 ARTISANS AND 100 TECHNIQUES SERIES

刘伯鸣工作法

带直径锥体的锻造与成形

100 ARTISANS AND 100 TECHNIQUES SERIES

刘更生工作法

京作硬木家具制作水磨、烫蜡技艺

100 ARTISANS AND 100 TECHNIQUES SERIES

潘从明工作法

萃取设备的设计与制造

100 ARTISANS AND 100 TECHNIQUES SERIES

裴永斌工作法

弹性油箱全自动数控加工技术

100 ARTISANS AND 100 TECHNIQUES SERIES

邵志村工作法

铜精矿火法的双闪冶炼

100 ARTISANS AND 100 TECHNIQUES SERIES

王树军工作法

设备的养护与修理

100 ARTISANS AND 100 TECHNIQUES SERIES

王万松工作法

热轧带钢板形的控制

100 ARTISANS AND 100 TECHNIQUES SERIES

温广勇工作法

玻璃纤维拉丝设备的维修与优化

100 ARTISANS AND 100 TECHNIQUES SERIES

文寨军工作法

低热硅酸盐水泥的制备及应用

100 ARTISANS AND 100 TECHNIQUES SERIES

徐成东工作法

肉眼秒判奥斯麦特炉渣含铅品位

100 ARTISANS AND 100 TECHNIQUES SERIES

郑久强工作法

转炉炼钢炉型的控制与操作

优秀技术工人百工百法丛书

第二辑　海员建设卷

100 ARTISANS AND 100 TECHNIQUES SERIES
蔡连财工作法
半潜船浮装操作

100 ARTISANS AND 100 TECHNIQUES SERIES
常洪霞工作法
公交安全驾驶与服务

100 ARTISANS AND 100 TECHNIQUES SERIES
陈宇航工作法
大型管道装配

100 ARTISANS AND 100 TECHNIQUES SERIES
陈竹祥工作法
汽车漆膜修补

100 ARTISANS AND 100 TECHNIQUES SERIES
程克辉工作法
常用焊接操作技能

100 ARTISANS AND 100 TECHNIQUES SERIES
勾常春工作法
盾构注浆"制一运一注"一体化集成系统

100 ARTISANS AND 100 TECHNIQUES SERIES
李燕肇工作法
古建彩画颜料调制及彩画工艺流程

100 ARTISANS AND 100 TECHNIQUES SERIES
廖明工作法
地铁司机应急处置技能培训

100 ARTISANS AND 100 TECHNIQUES SERIES
魏钧工作法
焊接十步操作法

100 ARTISANS AND 100 TECHNIQUES SERIES
吴喜军工作法
桥梁伸缩缝微创技术

100 ARTISANS AND 100 TECHNIQUES SERIES
翟筛红工作法
古建筑冰纹窗制作

100 ARTISANS AND 100 TECHNIQUES SERIES
竺士杰工作法
远控集装箱岸桥操作法